AF337766

# GENEALOGIE

## DE L'ILLVSTRE MAISON

## DE LA VALETTE,

### TIREE DES ANCIENS TITRES

de ladite maison, des Aliances,
Histoires de France, & autres.

*Par Frere* BERNARD GELE *Docteur,*
*Prieur de l'Abbaye nostre Dame de Gimont.*

## A TOLOSE,

Par ARNAVD COLOMIEZ Imprimeur
ordinaire du Roy, & de l'Vniuersité.

### M. DC. XXXIII.

# GENEALOGIE
## DE L'ILLVSTRE MAISON
## DE LA VALETTE,
tirée des anciens titres de ladite
maison, des Aliances, Histoires de France, & autres.

LVSIEVRS ayant voulu rechercher trop auant la naissance & Genealogie des personnes Illustres, ne s'estans voulus contenter de ce qui auoit assez de verité dans certain espace de temps & suitte de siecles, se trouuans arrestez par les diuers changemens qui aduiénent en l'ordre des lignées par le defaut de masles, les sœurs & les filles trásportant bié souuent les heritages, nom, & armes, en de familles estrangerés, ont esté constraincts par leur trop affectée recherche de se ietter dans des narrations du tout fabuleuses, & ius-

A 2

ques là comme voulans paſſer au delà des temps , ne trou-
uant plus que dire , ils les ont appellez demy-dieux. On
trouue bien de grandes deſcriptions de pluſieurs maiſons
Royales,& de pluſieurs potentats ; mais il eſt certain qu'el-
les contiennent pluſtoſt l'ordre du gouuernement de leurs
Eſtats, que la naiſſance ou Genealogie de leurs anceſtres ,
laquelle en la pluſpart ſe trouue fort courte, & de peu de
durée. En celle icy nous nous ſommes contentez de remô-
ter iuſques au temps dont les monumens & les hiſtoires
ſont toutes entieres pour le ſouſtien de la gloire de la verité
à l'honneur des deſcendans & aliés , & à la confuſion de
l'enuie calomnieuſe & babillarde. La bien-ſeance & mode-
ſtie ne nous permettant d'eſtendre dauantage le diſcours
vrayement panegirique que nous pourrions bien faire ſur
l'excellence des Seigneurs de cette maiſon qui viuent encore, eſtimant que cela apartient à vn ſiecle à aduenir , & à
vne plume plus eloquente que celle-cy. Et nos vœux ſont
au ciel , que toute ſorte d'abondance de benedictions con-
tinuë ſur cette maiſon, & ſur tous les deſcendans , auſquels
particulierement noſtre intention a touſiours eſté de dedier
& conſacrer ce petit eſchantillon de l'affection & deuotion
que nous auons & aurons touſiours à l'immortalité de leur
tres-illuſtre renommée.

**A**VPARAVANT l'an mil cent quarante,
Pons de Nogaret estoit Seigneur de la Valette, comme il se trouue par les titres de la
maison de la Valette, & nommément par la
sentence arbitrale donnée par Augier de Floriac grand Archidiacre de S. Estienne de Tolose, & Pons Orumbel sieur
de S. Felix sur le different qui estoit entre Messire Raimond
Euesque de Tolose, & Rogier de Nogaret Seigneur de la
Valette pour les terres de la Guitardie & de Desplas, lesquelles demeurerét adjugées audit Seigneur de la Valette;
mais est-il dit par la mesme sentence que ledit Seigneur
payera dix deniers Tolosains audit Seigneur Euesque an-
nuellement le iour de Sainct Thomas Apostre, ainsi qu'il
demeure accordé entre Messire Geraud auparauant Euesque dudit Tolose, & ledit Seigneur Pons de Nogaret : cette sentence fut prononcée dans le Palais Episcopal, present
Bertrand Archeuesque de Narbone, Amelin Abbé de Foix,
Raimond de Bonrepaus, & autres, le troisiéme de Iuin mil
cent quarante vn, de la teneur qui s'ensuit.

*In nomine Domini : Nouerint vniuersi præsentes pariter & fu-*
*turi, quòd cùm esset lis & quæstio inter Reuerendum Patrem*
*Dominum Dominum Ramundum permissione diuina Episco-*
*pum Tolosanum ex vna parte, & Dominum Rogerium de No-*
*gareto militem seutiferum Domini Regis, & Dominum de Va-*
*letta, & hoc ratione & causa territoriorum de Guitardia, & de*
*Desplas propè Valetam, quæ territoria dictus Dominus Episco-*
*pus dicebat & asserebat ad se pertinere ratione sui Episcopatus*
*cum omnimoda iurisdictione alta & bassa, mero & mixto impe-*

*Messire Iean de
la Valette s'af-
franchit de cette
redenance moyë-
nant mille liures
qu'il paya pour
Monseigneur
l'Archeuesque de
Tolose le 8. de
Feurier 1565. en
la vente du tem-
porel de l'Eglise.*

A 4

*rio, & cum omnibus alijs iuribus & dominationibus, vtilibus &*
*honorificis, seque esse, & suos antecessores fuisse in possessione, &*
*saisina percipiendi omnia iura in dictis territorijs, prout confron-*
*tantur ab Oriente cum terra de Saluaignaco nigro à parte verò*
*meridiei cum riuo de Seillana, & cum terra de sancta Quiteria,*
*& à parte Occidentis cum iurisdictione de Valeta, & à parte*
*Aquilonis cum iurisdictione Viridifolij, & alijs confrontationibus.*
*Dictus verò Dominus Rogerius, Dominus de Valeta, dicebat &*
*asserebat dicta territoria esse & semper fuisse, de territorio & iu-*
*risdictione sua terra de Valeta; séque & suos predecessores esse, &*
*semper fuisse veros & legitimos dominos dictorum territoriorum*
*in omni iurisdictione alta & bassa mero & mixto imperio, ac in*
*continua possessione leuandi & percipiendi, omnia iura ex parte*
*dominationis temporalis, & à tanto tempore, quòd de contrario*
*nulla extat memoria. Quam controuersiam & litem prædicta*
*partes voluerunt & consenserunt finiri atque terminari iudicio,*
*& sentétia videlicet dictus Dñs Episcopus Augerij Archidia-*
*coni Ecclesia S. Stephani Tolosa. Et dictus Dominus Rogerius,*
*Pontij Orumbelli Militis Domini de sancto Felice. Qui auditis*
*& intellectis partium rationibus, hinc & inde adductis & pro-*
*positis, & qua ad dictam controuersiam componendam spectabant,*
*tandem habito consilio peritorum suum iudicium, & sententiam*
*pronunciauerunt in hunc qui sequitur modum. Et nos Augerius*
*de Floriaco Ecclesia sancti Stephani Tolosæ Archidiaconus, &*
*Pontius Orumbelli de sancto Felice nominati super litem & con-*
*trouersiam, qua inter Reuerendum Dominum Dominum Rai-*
*mundum Episcopum Tolosanum, & Dominum Rogerium de*
*Nogareto Dñm de la Valeta versatur, ratione & causa territo-*
*riorum de Guitardia & de Desplas, dicimus & pronunciamus*
*dicta territoria, de Guitardia, & de Desplas, superius limitata*
*& confrontata esse de iurisdictione dicti loci de Valeta, eorumque*

*redditus & emoluménta quæcunque illa sint ad dictum Dñm Ro-*
*gerium, & suos pertinere, & pertinere debere, cum omni iurisdi-*
*ctione alta & bassa, mero & mixto imperio ; ita quod dictus Do-*
*minus Reuerendus Episcopus, nec sui successores in dicto Episco-*
*patu nullam possint nec debeant inde facere quæstionem. Dicimus*
*etiam ac pronunciamus, quod dictus Dominus Rogerius de No-*
*gareto, & sui successores in dicto loco de Valeta soluant & soluere*
*teneantur. Dicto Domino Reuerendo Episcopo Tolosano, & suis*
*in dicto Episcopatu successoribus annuatim illos decem denarios*
*Tolosanos quos soluere ab antiquo consueuit in festo sancti Thomæ*
*Apostoli, ratione supradictorum territoriorum, prout plenius con-*
*tinetur in charta compositionis olim facta inter Reuerendum Do-*
*minum Giraldum Episcopum quondam Tolosanum, & Pōtium*
*de Nogareto scriptam per manum Magistri Hugonis Lamberti*
*Ciuitatis Tolosæ Notarij. Quàm sententiam & iudicium in pa-*
*latio Episcopali Tolosæ coram partibus antedictis pronunciatum*
*tenere & obseruare in perpetuum promiserunt dictæ partes adin-*
*uicem bona fide, & firma stipulatione in præsentia & testimonio*
*Reuerendi Domini Domini Bertrandi Archiepiscopi Narbo-*
*nensis, Amelij Abbatis Fuxi, Jordanis de Villa, Odonis de Ponte,*
*Raymundi de Bonorepausio, Signarij Rufi, Hugonis de Monte-*
*acuto, & aliorum multorum : & ego Robertus Stephani Nota-*
*rius Tolosæ, rogatus hanc chartam scripsi & notaui Tolosæ, in di-*
*cto palatio Episcopali, die tertia introitus mensis Iunij, anno Dñi*
*millesimo centesimo quadragesimo primo, Regnãte Ludouico Frã-*
*corum Rege, Ramundo Comite Tolosano, & signum meum posui.*

ROGIER DE NOGARET fils de Pons laissa vn fils
qui fut nóme Dieu-donné, lequel nom a esté tousiours dóné
comme en action de graces & remerciement à Dieu quand
les personnes mariées reçoiuent cette grace & benediction
d'auoir des enfãs lors qu'ils en ont perdu l'esperãce. Nous ne

trouuons pas auſſi que ledit Rogier eut d'autres enfans que
ledit Deodat, ou Dieu-donné, qui eſpouſa Dame Serene de
Toloſe, fille de Bertrand, que d'aucuns nomment Baudoüin de Toloſe, frere de Raimond Comte de Toloſe, &
premier Vicomte de Lautrec; & eux Raimond & Bertrãd,
ou Baudoüin freres, eſtoient fils d'autre Raimond Comte
de Toloſe, & de Dame Ieanne fille de Henry ſecond Roy
d'Angleterre, ſœur de Richard auſſi Roy apres ſon pere; laquelle ledit Seigneur Comte eſpouſa veſue qu'elle eſtoit de
Guillaume Roy de Sicile; & ledit Bertrand eſpouſa Alix
fille de Manfroy Vicomte de Rabaſtens, laquelle luy apor-
ta en dot la Vicomté de Moncla, la Baronie de Borniquel,
& la Seigneurie de Saluaignac; laquelle Seigneurie de Saluaignac ledit Bertrand donna à ladite Serene ſa fille en mariage, de laquelle les ſucceſſeurs ſont demeurez poſſeſſeurs,
comme ils le ſont encore pour le jourd'huy, quoy que con-
fondus & incorporez auec le nom general de la Valette;
ledit Comte Raimond auoit vne telle haine contre ſon frere de ce qu'il auoit ſuiuy le party du Comte de Montfort
contre les Albigeois heretiques, que l'ayant faict prendre
priſonnier dans Lunel par la trahiſon du Sieur de Caſtet-
nau de Montratier, & faict mener à Montauban, la fureur
de ſa cruauté fut telle, qu'il le fiſt pendre à vn noyer vn
Lundy apres le ſecond Dimanche de Careſme douziéme
de Mars l'an mil deux cens & quatre, & parce que ledit Cõ-
te Raimond eſtoit grandement troublé en ſes terres, il ſe fit
recognoiſtre par les hommages que la Nobleſſe luy rendit,
qui ſe trouuent dans ladite ville de Toloſe, d'où autres-
fois a eſté retiré l'extraict de l'hommage rendu par ledit
Deodat audit Comte pour la Seigneurie de la Valette, lors
meſmement que le Roy Henry troiſiéme donna l'Ordre du

sainct Esprit à Monseigneur le Duc d'Espernon, au témoi-
gnage de ce Docte Prelat Mr. Amiot Euesque d'Auxerre
qui fut son examinateur; voicy la teneur dudit hommage.

*Manifestum sit omnibus præsentibus & futuris : quod ego*
*Deodatus de Nogareto confiteor & in veritate recognosco vobis*
*Domino Ramundo Dei gratia Duci Narbonæ, Comiti Tolosa-*
*no, & Marchioni Prouinciæ filio quondam Dominæ reginæ Ioan-*
*næ me tenere à vobis in feudum honorabile Castrum de la Valet-*
*ta, & quidquid habeo vel habere debeo in dicto Castro tenemento*
*& honore, & pertinentijs dicti Castri, & si forte argenti fodinæ*
*vel aliquis thesaurus in dicto Castro inueniretur, vel in tenemen-*
*to, vel in pertinentijs dicti Castri, vel aliquod melioramentum*
*propter auri vel argenti fodinam dictum Castrum ceperit, dono &*
*concedo vobis, & successoribus vestris lucri ex argenti fodinis*
*prouenientis, & in melioramento medietatem sine aliqua immi-*
*nutione. Quod autem pro prædicto feudo vobis fidelis existam, &*
*fidele seruitium faciam videlicet guerram & placitum ad ad-*
*monitionem vestram, & vtilitatem vestram procurem, & omnia*
*quæ in forma fidelitatis continentur, & contrarijs pro posse res-*
*stam, omnia seruitia quæ fidelis vassallus facere debet bono suo*
*Domino fideliter exhibendo specialiter vitam & membrum, &*
*quod dictum Castrum de Valetta ad commonitionem vestram, vel*
*cuiuslibet certi nuncij vestri ratione dominij vobis reddam quoties,*
*& quandocunque volueritis per solemnem stipulationem, & sub*
*obligatione omnium bonorum meorum promitto, & super sancta*
*dei Euangelia iuro corporaliter præstito iuramento, & inde ho-*
*magium vobis facio, manibus meis positis inter vestras, & dato*
*vobis osculo fidei & recepto : & pro prædicto Castro successores*
*mei qui dictum Castrum tenebunt vobis, & successoribus vestris*
*homagium & fidelitatem facere teneantur. Promitto etiam sub*
*eodem Sacramento, & profiteor, & verum est me esse perfecta*

*tatis. Et nos Raimundus Dei gratia Comes Tolosæ recipientes à te dicto Deodato de Nogareto homagium supradictum promitti- mus tibi nostra bona fide te tanquam nostrum fidelem, ab omni iniusta molestatione deffendere, & tueri. Acta sunt hæc Tolosæ, anno Domini millesimo centesimo septuagesimo tertio, octauo Ca- lendas Julij. Testes præsentes interfuerunt. Pontius de Villanoua, Guillermus de Barreria, Raimundus de Lacu, Arnaldus de Monte-arragone, Sicardus Alamanni ; & ego Ioannes Aureoli Notarius Domini Comitis, qui de mandato ipsius, & dicti Deo- dati de Nogareto hanc cartam scripsi.*

DEODAT mourant l'an mil deux cens dix, laissa vn fils nommé Pierre, & vne fille nommée Elisabeth, laquelle fut mariée auec Thibaut de sainct Amans, Baron de Sainct Maurice.

PIERRÉ DE NOGARET succeda à son pere Seigneur de la Valette, & Saluaignac, Gentil-homme fort estimé pour sa valeur, & fort aymé de Pierre, dit de Tolose, fils dudit Bertrand ou Baudoüin, & de ses enfans, Bertrand & Sicard, duquel Sicard sont yssus les anciens Seigneurs d'Ambres, & de sainct Germier : Il fut marié en la maison de sainct Iory, au moyen duquel mariage il deuint Seigneur de Sainct Iory & de Graignague, comme il se trouue par les recognoissances à luy faictes par les feudataires de ladité Baronie l'année mil deux cens six. Il laissa trois enfans, Estienne, Bertrand, & Guillaume.

ESTIENNE DE NOGARET succeda à son pere Pierre : il fut marié du viuãt de son pere auec Ieanne de Villeneufue, fille du Baron de Villeneufue de Lauragués & de Carmaing, lequel estant decedé, & son espouse sans enfans, Bertrand son frere luy succeda, qui fut marié auec Serene de Mancipia, fille vnique & heritiere de Pons de Mancipia Iuge Mage de Tolose, Seigneur de S. Hipolit & Carboüie, auquel temps l'Office de Iuge Mage estoit fort honorable, comme il est encore aujourd'huy, mais beaucoup plus en ce temps là qu'il n'y auoit point de Parlement. De ce mariage nasquit Raimond de Nogaret, lequel estant mort fort ieune, & sa mere bien tost apres, ledit Seigneur Bertrand pere espousa en secondes nopcés Dame Serene d'Arpajou fille de Bertrand d'Arpajou Barõ de Seuerac & de Calmon le vnziéme d'Aoust mil deux cens trente vn, la constitution dotale, est en douze cens moutons d'or monnoye de ce téps

là, robbes & ioyaux nuptiaux, en faueur duquel mariage
son pere Pierre luy donna tous ses biens, se reseruant seulement la Seigneurie de Graignague pour soy. Et pour son
autre fils Guillaume s'il reuenoit de la guerre d'outre-mer,
où il estoit contre les Sarrazins.

BERTRAND DE NOGARET Seigneur de la
Valette, Saluaignac, sainct Iory, sainct Hipolit & Carboüie,
succeda à son pere Pierre par le decés de son frere aisné
Estienne, & de son second mariage eut trois enfans & vne
fille, Bernard, Anthoine, Guillaume, & Ieanne. Bernard
dés son ieune âge suiuit les armes sous Alfons frere du Roy
S. Loüis Comte de Poictiers, & successeur de Raimôd dernier Comte de Tolose, lequel mourut de mort soudaine à
Milhau le 7. Septembre 1249. & fut porté & enterré à Fon-
teuraux. Ledit Seigneur Alfons estant de retour de son premier voyage d'outremer l'an 1251. fit plusieurs actes à Tolose, au bois de Vincennes, & à la Rochelle, ausquels ledit
Seigneur de la Valette estoit present, & le suiuit encore en
son second voyage en Afrique l'an 1270. & iusques à son
retour en Toscane, où il deceda de la mesme maladie pesti-
lente que sondit Seigneur qu'ils auoient portée de l'armée:
Aussi en mourut le Roy S. Loüis le 23. Aoust ladite année
1270. Ce fut ce Seigneur de la Valette qui apres le premier
voyage print sur l'Escusson de ses Armoiries la Croix Sain-
cte appellée de Ierusalem, laquelle ses successeurs y ont
tousiours conseruée: Il estoit marié auec Anne de sainct
Felix, mais il ne se trouue pas qu'il eust des enfans, c'est
pourquoy son frere Anthoine luy succeda.

NTHOINE DE NOGARET succeda à
Bernard son frere, il estoit marié auec Florence
de Bearn, fille de Bertrand de Bearn, Baron de
S. Maurice, Villemur, & Maignanac, laquelle
luy auoit aporté en dot la Seigneurie d'Aurie-
bat, & sa part de la terre de S. Hipolit. Il faisoit sa residence
à Auriebat, comme il se trouue en l'hommage & denôbre-
ment de ses biens baillé dénat le Sieur Cardonne Seneschal
de Carcassonne, & le Iuge Mage de ladite ville, Commis-
saires enuoyez par le Roy Philippe, surnommé le Hardi, l'an
1271. & estant allé en Italie en l'armée de Charles Roy de
Naples & de Sicile, oncle dudit Roy, il fut tué en la reuolte
des Siciliens par l'artifice de Pierre d'Aragon, auec grand
nombre de Noblesse Françoise le propre iour de Pasques à
cinq heures du soir l'an 1282. d'où vient le mot de Vespres
Siciliennes. Il fut enseuely en l'Eglise de Santo Iacomo dás
Naples, qui est l'Eglise des Peres Cordeliers, où encore au-
iourd'huy on void son sepulchre. Il laissa deux enfans, Guillaume & Pol de Nogaret.

GVILLAVME DE NOGARET DE LA VALETTE
succeda à Anthoine son pere, & fut surnommé S. Felix, à
cause de la part de la Seigneurie dudit S. Felix, qui luy estoit
aduenuë par le decés de son ayeule Anne de S. Felix : dés
son ieune âge il fut nourry à la Cour auec Pol son frere en
tres-bonne estime, & telle que le Roy Philippe le Bel le
choisit, non pas seulement pour aller, comme ont pensé
quelques vns, declarer au Pape Boniface l'appel de ses ex-
communications fulminées contre sa Majesté, mais pour

faire leuée de gens de guerre au moyen de six cens mil escus que le Roy y auoit faict tenir par la banque de Florence ; & eut l'honneur d'auoir le commandement sur la Caualerie que le Roy auoit en Italie. Ceux qui ont mis dans l'Histoire Felix de Nogaret de famille Albigeoise, ont faict double faute, ils ont pris l'appellatif pour le nom propre de la personne : car il est tres-certain qu'il s'appelloit Guillaume, & n'estoit ny d'Alby ny d'Albigeois, & moins encore des Seuennes. Sa maison, & de ses Ancestres est la Valette, à deux petites lieuës de Tolose vers le Lauragois, où elle paroist encores pour le iourd'huy auec de belles marques d'antiquité : c'est pourquoy Iean Mariana au ch. 6. du liu. 15. de l'Histoire d'Espagne l'apelle *Guillelmus Nogaretus Tolosas* : Et combien qu'il sust trouuer le Pape, si ne fit-il chose indigne d'vn grand Capitaine, au contraire il le defendit auec paroles aigres de la fureur du Sieur Sciarra Columne Romain lors disgratié, & le conduisit d'Anagnia en son Palais Pontifical dans Rome à main armée, ce fut l'an 1303. Et la paix estant faicte, le Roy obtint absolutió generale du Pape Clement par Bulle du 5. des Kalédes d'Auril 1309. le Roy luy donna apres son retour d'Italie l'estat de Chancelier, & en cette qualité il prononça en presence de sa Majesté vn Arrest contre Robert Comte de Flandres au chap. 53. mais il ne joüyt pas longuement de cette charge, estant decedé & enseuely à Compiegne l'an 1311. laissant vn fils nommé Bernard, & deux filles, lesquelles furent menées & mariées en France. Il auoit espousé Brune de Serempoy de Gascongne, que l'on dit aujourd'huy la maison de Betpuy. Il donna à son frere Pol quelque place que le Roy luy auoit donné au bas Languedoc, d'où sont descendus ceux de Conuison, qui portent le surnom de Nogaret.

*Æneas Syl. lib. 9. decad. 2. Flauius Blödus, lib. de inclin. Imp. Rom. 9. Platina in Bonif. VIII. Marti. Polonus. Marti. Carsulanus in Bonif. VIII. Paul Emil. in Phil. Pulc. Acta inter Bonif. VIII. & Phil. Pulc. Ioann. Villani, & alij.*

BERNARD DE LA VALETTE ſucceda à ſon pere Guillaume l'an 1311. Il eſpouſa Anne de Bretolene fille du Baron de ſainct Cirici en Lauragois ; duquel mariage y eut trois fils & vne fille, Eſtienne, Gabriel, Bertrand, & Antoinette. Il eut charge & commandement en l'armée conduite par Gaſton vnziéme Comte de Foix , fut tué en la memorable bataille de Crecy, gaignée par Edoüart Roy d'Angleterre ſur Philippe de Valois , auec grande perte de Nobleſſe Françoiſe le 26. Aouſt 1346. Bertrand eut pour ſon partage Marcafaue , & Gabriel fut Archidiacre de Toloſe.

ESTIENNE DE LA VALETTE dés ſon ieune âge fut nourry en la maiſon de Gaſton de Foix , ſurnommé Phebus, fut touſiours auec luy en l'armée que Charles VI. enuoya en Africque, conduite par Loüis Duc de Bourbon. Il rendit hommage au Roy en Toloſe , de ſes terres & Seigneuries de la Valette, Saluaignac, & autres, le 23. de Decembre 1389. comme il ſe trouue au liure des hommages gardé dans la Treſorerie de Toloſe, dont a eſté baillé expedié contreſigné par Cheuerri Preſident , de Garſens , & de Puch Treſoriers , & Caualier Greffier le 4. Nouembre 1583. tiré du fueillet 39. dudit liure. Le meſme Roy Charles ſixiéme par ſes lettres Patentes du 15. de Mars 1391. données à Tours, luy donne le Gouuernement des villes d'Alby, Gaillac , Rabaſtens , Buſet , & de tout le pays d'Albigeois. Il eſtoit marié auec Catherine de Montlaur, fille du Baron de Montlaur en Foix, duquel mariage il y eut pluſieurs enfans; mais eſtans morts ieunes preſque tous, Iean & Anne demeurerent ſeulement, & furent nourris en la maiſon de leur grand pere pendant leur ieuneſſe, & luy pere deceda dans Alby l'an 1392.

## IEAN DE NOGARET DE LA VALETTE

succeda, estant lois en la suitte du Roy Charles VII. qui partant de Tolose pour aller faire leuer le siege que Gaston de Foix Captal de Buch auoit mis deuant Tartas pour le Roy d'Angleterre, emmena toute la Noblesse du pays de Languedoc l'an 1442. Et Tartas rendu, le Roy tourna vne partie de son armée contre Castillon sur Dordoigne, & l'autre contre Bayonne, soubs la conduite du Comte de Foix, & dudit Seigneur de la Valette Lieutenant. Il auoit espousé Catherine de Roaix, heritiere de Graignague, il se fit recognoistre par ses sujets, comme il se void par les recognoissances retenuës par François de Fonte Notaire l'an mil quatre cens quarante-trois. Anne sa sœur fut mariée auec le Sieur de Punctous Seigneur de Bedechan, & autres lieux, comme se trouue ez pactes de mariage conseruez en ladite maison. Il laissa trois enfans, Pierre, Philippe, & Gabriel ; Philippe & Gabriel moururent parmy les guerres en Italie, & resta Pierre qui espousa Cecile de S. Amans, vn peu sa parente, à cause de l'ancienne alliance des deux maisons, duquel mariage nasquit Pierre de Nogaret, & Martre de Nogaret sa sœur : Il ne se trouue point autre chose dudit Pierre pere, sinon qu'il estoit homme pieux & valetudinaire, mais neantmoins son fils fut tres-vaillant.

## PIERRE DE NOGARET DE LA VALETTE

succeda audit Pierre son pere, il fut marié du viuant de son pere auec Marguerite de S. Aignan, fille de Iean de l'Isle, Seigneur de sainct Aignan en Condomois, le vingt-vniéme Auril mil cinq cens vingt & vn, comme se trouue ez pactes de mariage retenus par Iean de Rupe Notaire de l'Isle Iordain. Marguerite estoit vefue du Seigneur Baron de Pontejac, Laurac, Caumont, & Casaux, nommé Anthoine du

Gua , & par foubriquet le Cadet de Cafaux , hardy , querel-
leux , & mutin , defcendant des anciens Comtes de l'Ifle
Iordain , & qui auoit de iuftes pretentions fur la Comté;
mais il fe trouua trop foible pour le difputer : car Girard
Iordain dernier Comte l'auoit ja venduë à Meffire Iean de
Bourbon Comte de Clermont , fils aifné de Meffire Louys
Duc de Bourbon en l'an 1405. pour trente-quatre mil efcus,
par contract retenu par Fargia Notaire de Tolofe : & ledit
Monfieur de Clermont, à Meffire Iean Comte d'Armaignac
quatriéme du nom , pour trente-huiĉt mil efcus l'an 1421.
laquelle Comté fut reünie à la Couronne par la mort dudit
Iean Comte qui fut tué dans Leĉtoure le 6. de Mars 1473.
par les gens du Roy Loüis XI. & par le commandement
du Cardinal d'Arras qui conduifoit l'armée, cependant qu'il
difoit fes heures en vne maifon particuliere prés de l'Eglife
Cathedrale, contre la foy donnée foubs la reception d'vne
hoftie confacrée , dont chacun auoit prins la moitié, mais
c'eftoit vne iufte punition de Dieu ; car ledit Comte viuoit
inceftueufement auec fa propre fœur. Ledit Seigneur de la
Valette eut de belles charges en l'armée que le Roy François premier enuoya en Italie, conduite par Odet de Foix
Vicomte de Lautrec, lequel eftant mort en Calabre deuant
Naples, le 15. d'Aouft 1528. ledit Sieur de la Valette s'en re-
tourna en France auec l'Euefque de Tarbe , peu apres faiĉt
Cardinal de Gramond. Il eut de fon mariage quatre enfans
mafles & cinq filles, Iean, Gabriel, Pierre, & Iean, Iacquete,
Ieanne, Marie, Anne, & Helaine. Iean fils aifné paffa en
Piedmont auec Paul de Termes , & fut tué en vn combat
rendu contre les Imperiaux, fortis d'Aft pour auitailler Cen-
tal ou Montcal, affiegé en Oĉtobre 1545. Gabriel fut homme d'Eglife affez difficile. Pierre fut tué au Siege de Bou-

loigne , defenduë par les Anglois, eftant Enfeigne Colon-
nelle l'an 1545. Et ainfi Iean le dernier des freres fucceda à
fon pere, & à fes freres. Quant aux filles , Iacquete fut mariée auec Noble Bertrand de Bearn Seigneur de S. Maurice
lez Villemur, comme apert par le contract & pactes de mariage, retenus par Crofat Notaire de la Valette , du dernier
de Iuin 1539. Ieanne fut mariée auec Philippe de Voifins
Baron de Montaut ; Marie auec le Sieur d'Arqués & Lyas ;
Anne auec Charles de Leaumont Baron de Puygaillard ,
lors Gouuerneur d'Angers, & Helaine auec Bernard de Lou-
piac Baron de Montcaffin, l'an 1551.

 ESSIRE IEAN DE LA VALETTE, Lieutenant general du Roy au pays de Guyenne, succeda à son pere Pierre, & à ses freres, éleué dés son ieune âge par son pere auec vn soin particulier, comme c'est la coustume des peres enuers leurs derniers enfans. Il le mit aux armes, & à tous autres exercices de vertu & d'honneur. La France auoit alors besoin que la Noblesse fut aux armes dés le berceau : c'est pourquoy il prenoit quelquefois plaisir de l'amener à la guerre, tout ieune qu'il estoit. Incontinét apres le decés de son pere l'an 1553. il fut employé pour le seruice du Roy contre les Protestans Huguenots, lesquels il écarta dés enuirons de Tolose, & pour cette occasion la ville luy fit don & present de la terre noble apellée le College prés de la Valette, comme de ce faict foy le tiltre authentique qu'ils luy baillerent en main. Le Roy luy donna le gouuernement d'icelle, & du haut Languedoc à leur instance. Si Olhagaray qui a escrit l'Histoire de Foix eust esté mieux informé, il n'eust pas arresté son style à la seule prise de Camerade ; mais s'il eust voulu dire verité, il eust adjousté que ledit Sieur remit à l'obeïssance du Roy plusieurs autres places en Foix & en Languedoc, comme Lagarde, Mazeres, Leran, Sauerdun, Orliac, Lafaye, Montastruc, & plusieurs autres. L'Histoire remarque que le Duc de Guyse redressant l'armée Françoise sur la fin de Iuillet 1558. prés d'Amiens, que ledit Sieur de la Valette parut grandement auec sa côpagnie de cheuaux legers. Le Roy luy donna la charge de Maistre de Camp de sa Caualerie legere és trois memorables batailles, de Dreux, Iarnac, & Montcontour : Sa valeur & sa bonne conduite eurent bonne part en la gloire de

C

ces victoires: & comme le Roy eut donné la Lieutenance generale de Languedoc à Monsieur le Mareschal de Ioyeuse, il donna aussi audit Sieur de la Valette la Lieutenance generale du pays de Guyenne. Il eut commandement de prendre garde à l'armée des Princes auec Monsieur d'Amuille, ausquels Strossi & la Chastre s'estant joints, ils la rompirent au rencôtre de René le Duc. Ieanne d'Albret Royne de Nauarre ne luy vouloit pas du bien, tant à cause de cette viue poursuite; que pour ce qui s'estoit passé au Mont de Marsan, Tonens, & Clairac, dont elle auoit vn tel ressentiment, que l'ayant prié par ses lettres de la venir trouuer à Nauarrens, ce qu'il fit, elle luy dressa des embusches sur le chemin de son retour, le faisant guetter par Bisquerre & Pinson Gentils-hommes Bearnois, desquels ayant fait rencontre il se defendit si valeureusement, que seul il les tua de sa main, & demeurerent sur la place. Il estoit fort constant en amitié, singulierement auec les Sieurs de Montferran, Losse, & la Bastide de Paumés: Et comme il ne vouloit offenser personne, il estoit merueilleusement sensible aux offenses, & de difficile reconciliation; nullement parleur, sobre, courtois, debonnaire, & grandement zelé à la Religiõ Catholique. Il épousa du viuant de son pere tres-honorable Dame Ieanne de sainct Lary, fille de Messire Pierre de sainct Lary, Seigneur de Bellegarde, Seneschal de Tolose, sœur de Mr. le Mareschal de Bellegarde, & propre niepce de Mr. le Mareschal de Termes, comme se void par les pactes de mariage du 17. Septembre 1551. duquel mariage sont yssus tres-illustres Seigneurs & Dames, Messire Bernard de la Valette Admiral de France, Messire Iean Loüys de la Valette Duc d'Espernon, Pair & Colonel de France; Iean qui mourut fort ieune. Helene Dame de Roulhac, Catherine Dame Duchesse de Bouchages; Anne Dame Côtesse de Brienne;

Apres tant de peines, tant de fatigues, & tant de hazards,
ledit Seigneur ayant fait vn voyage à Bourdeaus pour le
feruice du Roy en vn temps de grandes chaleurs, vne plu-
refie trop portée luy fit rendre fon ame à Dieu en fon Cha-
fteau de Caumont le 19. Septembre 1575. & le 48. an de
fon âge.

MESSIRE BERNARD DE LA VALETTE
Admiral de France, Cheualier de l'Ordre du S. Efprit, Gouuerneur & Lieutenât pour le Roy de la ville de Lyon, Dauphiné, Marquifat de Saluces, Piedmôt, & finalemét de Prouence, fucceda à fon pere vn peu parauanture pluftoft, felon
l'ordre des affaires du monde, qu'il n'eftoit à efperer, pour
le defir que luy pere auoit de prefenter luy mefmes fes enfans au Roy, les ayant pour cét effect long temps auparauant enuoyez à Paris pour y apprendre tous les exercices
d'honneur & de gloire conuenables à des enfans de noble
maifon, efquels ils profiterent fi auantageufement, qu'il
faut auoüer que leur feule vertu & magnanimité les a por-
tez à vn tel point d'honneur, que l'emulation & l'enuie font
demeurées au deffous d'vn eftonnement & admiration vni-
uerfelle : d'vne fortune ( qu'on appelle ) fi heureufement
baftie, & fi fagement & longuement conferuée. Apres dôc
les exercices militaires qu'en ce temps là on apprenoit auec
plus de difcipline qu'on ne faict maintenant foubs le Sieur
de Gourdan Gouuerneur de Calais, il print place en la cor-
nette blâche de Mr. l'Admiral de Vilars que le Roy enuoya
en Gafcogne côtre les Huguenots, qui luy fut auffi vne oc-
cafion de vifiter fa maifon : mais comme Mr. d'Efpernon
eftoit prés du Roy, & fort aymé de fa Majefté, il fut rapellé
au commencement de l'an 1580. & fi toft arriué à la Cour
pourueu du gouuernemét du Marquifat de Saluces, & pays
de Piedmont, vacquant par le decez de Mr. le Marefchal

de Bellegarde fon oncle, où il fut feruir le Roy iufques au commencement de l'année 1582. que fa Majefté le fit venir en Cour pour le marier auec Anne de Batarnay de la maifon de Bouchage, coufine germaine de Mr. de Montmorancy, & de Madame de Mayenne, & belle fœur de Mr. le Marefchal de Ioyeufe: Les nopces furēt faites dās le Louure vn mardy 13. Feurier 1582. la Ligue fe foufleuant en 1586. le Roy luy donna commiffion pour aller faire entrer en France dix mille Suiffes, & toft apres il le fift General d'armée en Dauphiné contre les Huguenots, & luy en donna le gouuernement. Et comme fur la fin de ladite année Mr. le Grand Prieur de France, Gouuerneur de Prouéce eut efté tué par Altouiti Capitaine de Marfeille, cé gouuernement fut donné à Mr. d'Efpernon. Mais luy (le Roy le voulant ainfi) dés le commencement de l'an 1587. le remit audit Sr. de la Valette fon frere, & Mr. de la Valette celuy de Dauphiné au Sr. de Maugiron: Ce feroit chofe trop longue & ennuyeufe, de raporter icy en vne fimple Genealogie toutes fes actions, rencontres, & batailles; & auec quelle conftance & fermeté il a refifté aux artifices du Sr. Defdiguières, aux fineffes du Duc de Sauoye, aux trahifons de plufieurs, & à l'enuie des puiffans qui eftoient prés de la perfonne du Roy : tout cela fe void tres-elegamment defcrit en fa vie mife en lumiere par feu Mr. de Mauroy Confeiller d'Eftat, Secretaire du Roy, maifon & Couronne de France : Ie diray feulement qu'ayant faict fon teftamēt quelques iours auparauant le iour fatal qui luy donna le coup de la mort, qui fut le 11. de Feurier 1592. il a laiffé les tefmoignáges d'vne ame du tout confacrée à Dieu : fon corps fut conduit à Caumōt en la Chapelle par feu Meffire Pierre de Donaud Euefque de Mirepoix, & du depuis enfeueli dās l'Eglife du Conuent des Peres Minimes de Cafaus.

**M**ESSIRE IEAN LOVIS DE LA
VALETTE Duc d'Espernon, Pair & Colonnel de France, a fuccedé à fon frere; dés
fon ieune âge il fut nourri à la Cour en mef-
me temps que fon frere. Le Roy Henry troi-
fiéme l'aima toufiours; il luy donna l'Ordre du S. Efprit, &
le gouuernement de Mets & Bouloigne le 28. Decembre
1581. Il luy donna l'eftat de Colonnel le 22. de Ianuier
1585. Il le maria auec Madame Marguerite de Foix, fille
& heritiere de Meffire Henry de Foix Comte de Candale,
qui auoit efté tué au camp de Sōmieres le 6. de Mars 1573.
âgé de 36. ans. Les nopces dudit Seigneur & Dame furent
celebrées au bois de Vincennes le 23. Aouft 1587. Le Roy
auoit promis quatre cens mil efcus en faueur de ce mariage: les pactes font efcrits par le Sieur de Villeroy, & fignés
par le Roy: mais la mort de fa Majefté malheureufement
auancée, ne luy donna pas le temps de la faire payer. Il le fit
receuoir Admiral de France, & Gouuerneur de Norman-
die le 12. de Ianuier 1588. par le decez de Monfieur le Marefchal de Ioyeufe; lequel gouuernement il quitta de fon
bon gré en faueur de Monfeigneur de Montpenfier Prince
du fang. Le Roy Henry IV. luy donna le gouuernement
de Limofin, Xainctonge, Angoumois, Aunis, & païs Ro-
chelois. Il quitta auffi le gouuernement de Prouence en faueur de Mr. de Guife; & le Roy Loüis treiziéme luy a donné le gouuernement de Guyenne l'an 1622. apres le camp

C 4

de Montauban. Du mariage dudit Seigneur & de ladite
Dame font iſſus trois enfans : ſçauoir,

ESSIRE HENRY DE FOIX Com-
te de Candale & d'Aſtarac, Captal ( c'eſt à
dire Prince ) de Buch, &c. General des ar-
mées des Venitiens, & des Païs bas, qui naſquit dans la ville de Xaintes le iour de S.
Hilaire 13. de Ianuier 1591. Le Roy luy a donné l'Ordre
du S. Eſprit le iour de Pentecoſte l'an 1633. & à Meſſieurs
ſes freres.

**M**ESSIRE BERNARD DE LA VALETTE
Duc & Pair, & à preſent Colonel de France,
naſquit à Angouleſme le 18. de Mars 1592.
Le Roy à preſent Regnant luy auoit donné
en mariage Madame Gabrielle Angelique de
Bourbon ſa ſœur, duquel mariage il y a vn fils & vne fille:
ladite Dame rendit ſon ame dans la ville de Mets l'ã 1627.
Le Roy luy a donné l'Ordre du S. Eſprit le iour de la Pentecoſte 1633.

MESSIRE LOVIS DE LA VALETTE
Cardinal, Gouuerneur du païs d'Anjou, naſquit à Angouleſme le 8. de Feurier l'an 1593. le Roy luy a donné l'Ordre
du S. Eſprit le iour de la Pentecoſte 1633.

MADAME mere deſdits Seigneurs mourut le 23. de
Septembre dans le Chaſteau d'Angouleſme l'an 1593. &
ſon corps fut porté à Cadillac la meſme année: ſes hon-
neurs funebres furent faictes audit Cadillac le 25. Aouſt
1599. où ſe trouua Mõſeigneur le Duc de Bouchaige, auec
beaucoup de Nobleſſe de Languedoc, Meſſieurs du Parlement de Bourdeaus, & toute la Nobleſſe du païs y aſſiſta en
grande magnificence, comme il appartient à la grandeur
de la maiſon.

MADAME DE LA VALETTE mere de mon-
dit Seigneur d'Eſpernon rendit ſon eſprit à Dieu dans ſon
Chaſteau de Caumont le 9. d'Auril 1611. Son corps fut
porté dans l'Egliſe du Conuent des Religieux Minimes de
Caſaux, lequel Conuent ledit Seigneur Duc d'Eſpernon
auoit nouuellement fait baſtir, où ſont auſſi enſeuelis Mon-

seigneur de la Valette, pere dudit Seigneur, & Monseigneur de la Valette son frere.

Il a esté cy deuant monstré cõme la maison de la Valette a esté long temps y a en l'alliance des maisons Royales de Sicile & d'Angleterre, & maintenant il est tout manifeste qu'elle est en celle de France:tant à cause du mariage dudit Seigneur Duc de la Valette; que aussi parce que Madame Catherine de la Valette, sœur de mondit Seigneur d'Espernon, fut mariée auec Henry de Ioyeuse Duc de Bouchaige, Pair de France, duquel mariage nasquit Dame Henriette, Catherine de Ioyeuse, laquelle fut mariée auec Monseigneur le Duc de Montpensier Prince du Sang, en Septembre dans nostre Dame de Clery, & de ce mariage est issuë Madame Louyse de Bourbon de Montpensier, laquelle Monsieur frere du Roy a espousé: & estant decedée l'an 1629. a laissé audit Seigneur vne fille, laquelle respond de petite niepce à mondit Seigneur d'Espernon, & de cousine à mesdits Seigneurs ses enfans; & ladite Dame vefue de Monseigneur de Montpensier, a esté espousée du depuis par Monseigneur le Duc de Guise Gouuerneur de Prouence.

Helene fut mariée auec Monsieur de Rouïllac lors Gouuerneur de Bologne sur mer, duquel mariage sont issus Monsieur le Marquis de Roüillac, Monsieur le Baron d'Anton, & Madame Ieanne mariée auec Monsieur de Zamet, qui fut tué au camp de Montpellier l'an 1623.

Anne épousa Messire Charles de Luxembourg Prince de l'Empire, Comte de Brienne, Montfort, &c. duquel mariage n'y a eu aucuns enfans; elle mourut ieune, & ledit Seigneur passa vne partie de sa vie à Rome.